MANUEL
POPULAIRE

OU

NOTIONS UTILES ET CURIEUSES;

RECUEILLIES

PAR GALLAY DE S.-MAURICE.

LILLE,

IMPRIMERIE DE BRONNER-BAUWENS.

1832.

AUX
DS HOMMES
RIE RECONNAISSANT
FRANCE
CHARITÉ

MANUEL POPULAIRE.

Blanchissage économique sans l'emploi du savon.

On doit cette nouvelle manière de blanchir le linge à **M.** Cadet-de-Vaux, et c'est à la suite d'une expérience faite sur le linge des hospices de Paris, en présence de l'administration et du Préfet de la Seine, que le procès-verbal a été dressé par **M.** Héricart de Thury, pour en constater l'utilité pour tous les ménages.

Prenez votre linge sale, faites-le tremper une demi-heure dans un baquet, c'est le premier mouillage. Après cette opération, jetez dans une chaudière d'eau bouillante, tout le linge que vous retirerez ensuite pièce à pièce pour les frotter dessus et dessous (de même qu'au savonnage ordinaire) avec des pommes de terre, aux trois quarts cuites; toutes les pièces bien frottées, roulées et tordues seront remises dans la chaudière d'eau chaude; vous faites bouillir pendant une demi-heure environ, frottez de nouveau, roulez, tordez votre linge, remettez-le dans la chaudière quelques minutes. On le rince ensuite à grande eau claire, puis on le met en presse et on le fait sécher par le procédé ordinaire.

Le résultat de cette opération, est que le linge est parfaitement dégraissé, nettoyé et blanchi ne conserve aucune mauvaise odeur, et l'avantage de ce nouveau procédé, est que l'on peut faire une très-forte lessive en deux heures.

Rétablir le vin tourné.

Pour deux hectolitres : prenez deux onces d'acide tartrique, trois onces de crême de tartre, trois onces de colle de Hollande que vous ferez fondre dans deux ou trois litres de ce même vin ; quand ces matières sont dissoutes, battez bien le tout et versez dans le tonneau, remuez fortement avec un bâton avant et après; bouchez bien le tonneau, laissez reposez pendant huit jours, puis vous le soutirez.

Manière de rendre le vin mousseux.

Prenez seize bouteilles de vin blanc, deux livres de noir d'os bien lavé à l'eau chaude, une livre de dattes bien pilées, un gros de semence de céleri, une once d'acide tartreux, une once de carbonate de soude; faites bouillir le tout pendant une minute, et après qu'il est refroidi, ajoutez un litre d'esprit de vin, filtrez et mettez en bouteille. Ce vin est tout aussi pétillant que le champagne mousseux.

Moyen éprouvé d'empêcher l'herbe de croître dans les allées de jardin.

Prenez cent dix litres d'eau, deux livres de chaux vive de souffre, faites bouillir le tout dans une marmite de fer, étendez l'eau selon vos besoins pour arroser les endroits où vous voulez qu'il ne vienne point d'herbe.

Procédé pour conserver les fruits, raisins, poires, melons.

Prenez un tonneau neuf, garnissez-le au fond et sur les côtés avec du son de froment séché au four ; ensuite mettez un lit de fruit, un lit de son, jusqu'à ce que le tonneau soit plein. Au bout de huit mois vous trouverez vos fruits aussi frais que si vous veniez de les cueillir. Mais il faut avoir soin de fermer exactement le tonneau pour que l'air ne puisse y pénétrer.

Préparation d'un sirop pour remplacer le sucre et faire des confitures.

Prenez du jus de poires, pommes ou moût de raisins ; faites bouillir ce jus dans une chaudière jusqu'aux deux tiers, pour qu'il ait une bonne consistance ; clarifiez-le aux blancs d'œufs ; passez-le par la flanelle afin de le conserver dans des bouteilles.

Si vous voulez faire des confitures de ménage économiques, faites un choix des fruits que vous voulez confire ; faites-les cuire dans l'eau jusqu'à ce qu'ils soient un peu amollis ; vous en ôterez ensuite la pelure, vous les mettrez dans ce sirop, et les laisserez bouillir, en ayant soin de toujours bien écumer jusqu'à parfaite cuisson ; ce que l'on reconnaît lorsqu'en versant une goutte dans une assiette, elle reste figée, et ne coule point ; mettez votre confiture dans des pots, couvrez-la avec du papier pour la confiture.

Matelas économiques qui durent dix ans.

Dans le mois d'Août, recueillez la mousse dans

sa plus grande vigueur; ôtez-en les racines gros-
sières et les corps étrangers; faites-la sécher au
grand air; puis on la bat pour en faire sortir la
terre. Servez-vous de cette mousse bien sèche;
faites-en des matelas de six à dix pouces d'épais-
seur. Ils sont excellens, et on se procure ainsi des
lits aussi bons qu'avec des matelas de laine.

Pour les refaire souples, il faut les battre avec
des bâtons, ce qui les rend élastiques.

Moyen de nettoyer le cuivre pour les armes, etc.

Il faut pour deux sous d'eau-de-vie, un sous
de corne de cerf, deux liards de savon. Mêlez le
tout dans une bouteille, étendez avec le bout
d'une plume cette liqueur sur le cuivre, et quand
elle sera sèche, frottez avec une brosse.

Maux de dents.

Mêlez deux parties d'alun, finement pulvérisé, à
sept parties d'éther nitrique et appliquez un peu
de ce mélange sur la dent malade, ce remède
guérit tous les maux de dents dont la nature n'est
pas rhumatismale.

Manière de faire un ciment à l'épreuve du feu et de l'eau.

On verse dans un vase une demi-pinte de lait
et autant de vinaigre; lorsque le lait est parfaitement caillé, on enlève toutes ses parties solides,
et, dans le liquide qui reste, on jette quatre à
cinq blancs d'œufs, fouettés jusqu'à ce que leur
mixtion avec le liquide soit complète; tamisez de-
dans de la chaux vive, réduite en poussière, jus-

qu'à ce que le liquide, que l'on a soin de bien remuer, ait la consistance d'une pâte. Ce mastic sèche très-promptement; on s'en sert pour raccommoder les fentes des boiseries, pour coller la faïence, pour garnir et faire des fours, citernes, lieux d'aisances, etc.

Moyen d'aller dans l'eau et de traverser une rivière sans savoir nager.

C'est un très-joli divertissement que vous pouvez vous donner sans courir aucun danger; et par ce moyen vous pouvez apprendre à nager parfaitement. Pour cela ayez deux toiles de pareille grandeur; faites-en un gilet qui se boutonne ou s'attache par derrière; entre ces deux toiles, fixez huit vessies, (quatre à droite, quatre à gauche) que vous gonflerez aux trois quarts; cousez-les bien tout le tour, entre les toiles; il faut laisser entre les deux rangées, vers le milieu, quatre pouces environ de largeur pour que l'estomac puisse s'y loger commodément.

Il faut observer de laisser sortir sur le bord des toiles, les cols des vessies pour pouvoir les gonfler commodément, et les lier avec une ficelle; muni de cet appareil nouveau, allez hardiment dans l'eau, vous ne courrez aucun risque de vous noyer.

Recette pour conserver l'éclat des armes, et ôter la rouille du fer.

Frottez le fer avec un linge trempé dans de l'huile de tartre, la rouille s'en ira de suite. Pour conserver l'éclat des armes, faites détremper dans du fort vinaigre, de la poudre d'alun; frottez-les fortement , elles se conserveront toujours brillantes.

Manière de préparer le Blé pour les semailles par l'emploi du Sulfate.

Ce mode ne saurait être trop répandu : mêlez dans un seau autant d'onces de sulfate de cuivre (vitriol bleu), que vous voulez préparer de doubles boisseaux de froment, (soit vingt-deux onces pour une année, ou vingt coupes, ou trois hectolitres) jetez sur le vitriol bleu pour le faire fondre, de l'eau bouillante, il se dissoudra à l'instant, versez la dissolution dans un cuvier de lessive, jetez votre blé dans le cuvier, ajoutez-y autant de litres d'eau qu'il sera nécessaire, pour que l'eau surpasse les graines de quelques pouces, remuez, ôtez avec une écumoire les grains qui surnagent, et laissez tremper quelques heures, faites couler ce qui reste d'eau, et versez votre blé pour le faire égoutter. La semence ainsi préparée peut attendre quelques jonrs avant d'être semée, l'eau qui reste sert à en sulfater d'autres en y ajoutant un quart de dose en sus. On retire de cette préparation un très-grand avantage : d'abord celui de préserver du charbon, de détruire les rats, les mulots, les insectes, les larves, les papillons, les chenilles et même les limaçons ; qui, dans une année pluvieuse, font tant de mal aux semailles d'automne.

Secret pour prendre des Oiseaux à la main.

Prenez du grain que les oiseaux préfèrent, mettez-le tremper dans la lie de vin ou dans une collection d'ellébore blanc, avec du fiel de bœuf. On prend à cet appât des perdrix, et même des oies sauvages.

Recette contre les mouches.

Pour les empêcher de venir dans un appartement, ou devant l'étalage d'un boucher, il faut frotter les boiseries avec de l'huile de laurier ; par ce moyen vous en serez garanti.

Pour détruire les punaises et les puces.

Nettoyez les endroits avec de l'eau chaude ; démontez les lits, fermez les portes et fenêtres, le devant de la cheminée ; puis prenez un réchaud allumé, mettez dessus une demi-once de *galbanum,* une demi-once d'*assa fœtida* : ces gommes se fondent en répandant une fumée qui détruit entièrement toute espèce de vermine, même les puces. La vapeur du souffre a la même propriété. Il faut faire cette fumigation de bon matin, et ne rentrer dans l'appartement que le soir. Pour mieux attraper les puces, mettez dans votre lit, et par terre, des feuilles d'aulne ; elles s'y attachent, et y restent prises.

Feux d'artifice pour s'amuser en Société.

Faites de petites cartouches de deux lignes de diamètre et de trois révolutions de papier de la longueur que vous voudrez ; quand elles sont bien sèches, remplissez-les en refoulant fortement la composition suivante avec une baguette de fer :

Poussière de poudre à canon, passée au tamis
de soie. . . , . 16 parties.
Soufre . . . . 4 —
Filière de fonte ou limaille d'acier 6 —

Mêlez bien le tout et chargez à la baguette de fer, vos petites cartouches une fois chargées, faites-en plusieurs dessins de votre choix, comme un palais, pyramide, étoile; mais pour que chaque cartouche prenne feu en même temps il faut un conduit de papier : les mèches se font en faisant tremper des fils de coton dans de la poussière de poudre mise en pâte avec de l'eau légèrement gommée : quand le coton est très-imbibé, on le lève sur un cadre, en le faisant glisser entre ses doigts pour le bien lisser; faites-le sécher, pour vous en servir.

La bouteille lumineuse.

Prenez une fiole de verre blanc, bien clair; faites chauffer dans un vase de la belle huile d'olive; quand elle est bouillante, on jette dans la bouteille un morceau de phosphore, et l'on verse avec précaution l'huile par dessus, à peu près à deux doigts de la fiole. On la bouche bien. Lorsque l'on veut s'en servir, on soulève le bouchon pour y faire entrer l'air extérieur, puis on rebouche de suite : chaque fois que la lumière disparaît, on ne fait que lever le bouchon et le remettre, la lumière reparaît.

Flamme éblouissante.

Prenez : Salpêtre bien tamisé   16   parties.
Soufre   8   —
Poussière de poudre   4   —
Antimoine   2   —

Mêlez bien exactement toutes ces parties; mettez cette composition dans un vase avec une mèche pour l'enflammer, vous verrez un bel effet.

LA

MÉDECINE DOMESTIQUE,

OU

TRÉSOR DES MÉNAGES.

De tous les Arts, le plus utile
à l'Homme, est celui qui
prolonge sa santé.

Eau de Cologne.

Prenez : Esprit de vin, un litre ; essence de lavande, un gros ; huile de bergamotte, un gros ; un peu de benjoin pilé. Laissez infuser pendant vingt-quatre heures, filtrez votre liqueur, et mettez en bouteilles.

Poux, Vermine.

Réduisez en poudre de l'écorce de sassafras, frottez-en les cheveux et la tête des enfans. Pour retenir la poudre et l'empêcher de tomber, vous leur mettrez une coiffe ou bonnet, et dix heures après l'opération, toute la vermine disparaît.

Potion contre les vers, et pour guérir les coliques des Enfans.

Prenez : une cuillerée d'huile d'olive, demi-once de sucre, et le jus de la moitié d'un citron : mêlez bien le tout ensemble; faites prendre ce remède pendant trois jours, le matin, avant de manger. Vous en connaîtrez bientôt les bons effets.

Panaris.

Lorsque le doigt est attaqué d'un panaris, il suffit de le plonger dans un œuf très-frais, et de l'y laisser quelques momens; l'œuf durcit comme s'il était exposé au feu. On en retire le doigt, et l'inflammation ainsi que la douleur, ont entièrement disparu.

Dartres, boutons, démangeaisons.

Le suc de la morelle des jardins, mêlé avec de l'esprit de vin, guérit radicalement ces maladies. Comme aussi l'eau de sauge fait sécher les coupures, en en lavant les parties malades.

Douleur de goutte.

Faites un cataplasme de mouron bouilli dans l'urine, que vous appliquerez sur la douleur; et renouvelez souvent cette opération.

Jaunisse.

Prenez de la tisane de carottes jaunes, du

vin blanc, tous les matins; et purgez-vous, après quelques jours de tisane, avec deux gros de feuilles de concombre sauvage, que vous faites infuser dans six onces d'eau. Faites fondre, dans cette colature, une once de manne pour médecine à prendre le matin.

Rhumatismes.

Prenez des fleurs de camomille et de mille-pertuis; remplissez-en une bouteille, en versant au-dessus de l'esprit de vin, que vous exposerez au soleil pendant un mois, ensuite exprimez la liqueur avec forte pression; faites-y dissoudre un gros de camphre. On fomente soir et matin la partie malade avec cette composition, devant un bon feu, bien clair.

Coqueluche, rhume des Enfans.

Prenez une demi-once de sucre de pavot, deux onces de lait de femme, un scrupule de cumin; faites-une mixtion que vous prendrez tiède, par cuillerée. — L'huile d'olive, avalée pure, guérit presque toujours les rhumes.

Deux onces d'eau de Luce, placées sous le nez d'un malade attaqué d'une toux convulsive, suffisent pour l'arrêter et même la guérir.

Fièvre.

Si elle résiste, buvez beaucoup de tisane de laitue et de bardane; un verre de deux en deux heures, pendant trois jours. Prenez quatre gros de quinquina, demi-once de sirop de capillaire, et demi-once de miel ; mêlez le tout ensemble ; ensuite, faites-en trois portions égales, que vous prendrez en trois jours, aux atteintes de la fièvre, et vous boirez après un verre de vin chaque fois.

La sanguite de mer, infusée dans du vin blanc, coupe aussi ordinairement la fièvre.

La racine de bardane, ou glouterou, est un excellent fébrifuge.

Brûlures.

Il n'y a rien de tel que de mettre sur la brûlure un petit linge imbibé d'éther ; cela seul suffit pour une parfaite guérison, lorsqu'on a soin de le renouveler souvent.

Pour chûtes, coups et écorchures.

Mettez des compresses de cerfeuil et de persil bien pilés, ou du sureau avec de la camomille, bien bouillis, dont vous faites une compresse, qu'il faut renouveler. Lavez avec de l'eau et de l'eau-de-vie mêlées, et quelques gouttes d'extrait de Saturne.

Maux d'oreilles, surdité.

Mettez dans l'oreille quelques gouttes d'huile de lis, et du coton par-dessus ; l'eau qui sort du frêne vert, que l'on fait brûler, est aussi très-bonne, introduite dans l'oreille, pour guérir de la surdité.

Dyssenterie.

Quand on est attaqué de cette maladie, il n'y a rien de mieux à faire que de boire beaucoup de tisane de riz ou d'orge. On peut encore prendre tous les jours un lavement composé de cette manière :

Racine d'aristoloche ronde, une 1/2 once ; de feuille d'aigremoine, de piloselle et de dent-de-lion, ou pissenlit, une poignée chaque ; rose rouge et fleurs de millepertuis, une pincée, que vous ferez bouillir, pendant un quart-d'heure, dans une chopine d'eau : délayez dans leur colature deux onces de miel rosat, une demi-once de térébenthine, dissoute dans un jaune d'œuf ; mêlez le tout pour le lavement.

Engelures.

Imbibez les engelures avant qu'elles soient crevées, avec de l'esprit de sel ; le soir, en vous couchant, mettez-y un cataplasme de raves et de navets cuits sous la cendre.

Faiblesse des yeux, vue trouble.

Mettez les foies et les intestins de goujons de rivière dans une bouteille exposée à une douce chaleur du soleil ; ils se convertiront en une liqueur jaune et huileuse ; appliquez-en sur les yeux, le soir en vous couchant.

Pour guérir la gale.

Quatre ou six onces de sulfure concret de

potasse , fondu dans une livre et demie d'eau ,
à l'air libre et dans un pot de faïence, mêlé avec
une once d'acide sulfurique et renfermé, aussitôt après le mélange, dans une bouteille bien
bouchée, forment contre la gale un excellent
remède. On s'en frictionnera une fois par jour,
et on sera débarrassé promptement et sans
aucun danger.

Migraine.

Aspirez par le nez de temps en temps quelques gouttes d'eau vulnéraire, de suite vous
serez soulagé.

Clous, abcès, furoncles.

Appliquez dessus de l'oseille fricassée avec
du beurre frais, enveloppée dans une feuille de
plantin pilé, avec du levain ou du vieux-oing,
ensemble et en parties égales.

Éruption des dents des Enfans.

Lorsque les cris des enfans annoncent la
douleur que causent aux gencives les dents
qui veulent percer ; il faut les leur frotter
d'un moment à l'autre avec le meilleur
miel de Narbonne. Ce liniment facilite la sor-
tie, prévient les douleurs et ôte toute la cause
des efforts, des convulsions et des fièvres qui
emportent souvent les tendres objets de l'espé-
rance d'un père et d'une mère.

Potion de lait ammoniacal contre la difficulté de respirer et pour l'asthme.

Prenez : gomme ammoniaque très-pure, trois gros; faites dissoudre à froid dans un mortier, avec huit onces d'eau vulnéraire simple. La dose est une cuillerée à prendre plusieurs fois le jour.

Liqueur de VESPETRO *, approuvée des médecins du Roi et de la Faculté.*

Prenez une bouteille de gros verre qui tienne un peu plus d'une pinte de bonne eau-de-vie; ajoutez-y les graines qui suivent, après que vous les aurez concassées grossièrement dans un mortier, savoir :

Deux gros de graine d'angélique, une once de graine de coriandre, une bonne pincée de fenouil, antant d'anis; ajoutez-y le jus de deux citrons avec leur zeste, ou écorce; une livre de sucre. Laissez infuser le tout dans la bouteille, pendant quatre ou cinq jours; ayez soin de remuer de temps en temps la bouteille pour faire fondre le sucre. Ensuite vous passez la liqueur, pour la rendre plus claire, par du coton ou du papier gris, et vous la garderez dans des bouteilles que vous aurez eu soin de bien boucher.

Propriétés de cette liqueur.

On ne saurait assez en faire l'éloge. Son usage est généralement adopté; elle est bonne pour douleurs d'estomac, indigestions, vo-

(18)

missemens, coliques, obstructions, points de
côté et de mamelles, maux de reins, difficulté
d'uriner, gravelles, oppressions de rate, dé-
goût, tournoiement du cerveau, rhumatismes,
courte haleine. — Elle fait mourir les vers des
petits enfans, si on leur en fait prendre une
cuillerée pendant quatre ou cinq matinées;
préserve du mauvais air, en en prenant une
cuillerée avant de sortir. Pour les maux de
tête, on s'en frotte les tempes; on en respire
par le nez quelques gouttes. Elle donne des
forces aux femmes en travail d'enfant; coupe
les tranchées après les couches; elle sert pour
coupures, en enveloppant le mal d'une compresse imbibée de cette liqueur : on s'en frotte
pour faire passer les douleurs. En un mot,
elle a satisfait tous ceux qui en ont usé dans
le besoin.

*Fumigation d'acide muriatique, pour désin-
fecter les habitations, et se préserver de la
contagion.*

On mettra dans un vase de verre cinq gros
de sel de cuisine pulvérisé : on versera sur ce
sel une demi-once d'acide sulfurique.

On aura soin, pour ne pas incommoder les
habitans, de promener l'appareil d'où partent
les vapeurs; et de ne verser l'acide que suc-
cessivement en agitant le mélange avec un
tube de verre.

Eau chlorurée anti-cholérique.

Prenez : chlorure de chaux sec, une cuil-

lmde à soupe; eau, six cuillerées à soupe, et
mettez cette dissolution sur une assiette dans
la chambre, deux heures le matin et une
heure le soir, après avoir ouvert les portes et
fenêtres pendant une heure. Recommencer
chaque jour avec de la nouvelle dissolution.

Moyen économique de se procurer du chlorure en abondance (30 bouteilles pour 1 fr.).

On prend une livre de chlorure de chaux
sec, qui peut, en temps ordinaire, coûter 1 fr,
on met ce chlorure dans un baquet, avec
deux seaux d'eau; on remue, on laisse dépo-
ser, puis on tire à clair la liqueur limpide, qui
fournit trente bouteilles de chlorure de chaux
liquide, et peut servir à assainir les chambres,
et cabinets, allées, escaliers, lieux d'ai-
sance, les cours, les plombs, etc. Le résidu
jeté dans les ruisseaux est encore un moyen de
salubrité.

On peut, avec cette eau, laver les murs des
étables, des toits à porcs, etc. ; elle assainit
promptement.

Manière de teindre en noir les cheveux sur la tête.

Prenez quinze onces de chaux vive, détrem-
pée dans l'eau et qu'on laisse venir en fleur;
ensuite on tamise avec un tamis de soie, puis
on y mélange douze onces de litharge d'or pilé.
Quand on veut teindre ses cheveux, on fait
une pâte un peu molle avec de l'eau tiède, et

l'on y applique avec soin cette pâte. On recouvre ensuite la tête avec une demi-vessie mouillée qui forme un serre-tête. Après avoir laissé le tout en place pendant huit heures, on nettoye bien ses cheveux et l'on se trouve rajeuni.

Colle imperméable et incombustible.

Voici par quel moyen on vient de réussir à composer une glu ou colle parfaitement à l'épreuve de l'eau et qui a, de plus, la propriété de sécher aussitôt après son application.

Cette méthode, très-simple, consiste d'abord à faire tremper de la colle forte ordinaire dans de l'eau jusqu'à ce qu'elle s'amollisse; néanmoins il faut l'en retirer avant qu'elle n'ait perdu sa force primitive. On la met ensuite dissoudre dans de l'huile de lin ordinaire, sur un feu très-doux, jusqu'à ce qu'elle se prenne comme une gelée.

On peut s'en servir pour joindre toutes les choses qu'on désirera réunir l'une contre l'autre, puisque cette colle, outre sa force et sa durée, a l'avantage de pouvoir soutenir et braver l'action du feu.

FIN.